2
PRIMAIRE

W0210360

Vaincre

GÉOMÉTRIE

JANNIQUE KOEKS • JOSEPH MAQUOI

Érasme

Vaincre Géométrie - 2

Érasme SA - Place Baudouin Ier, 2 B - 5004 Namur

Directeur de collection : Joseph Maquoi
Auteurs : Jannique Koeks, Joseph Maquoi
Éditrice : Amélie Ménard
Suivi éditorial : Alyssa Cloeckaert
Maquette : Charlotte Jansen
Mise en pages : Crius Group
Illustrations : Alice Turquois

www.editionserasme.be/vaincre

978-2-87438-386-1
D/2015/0132/67
EB4631-2/122014

Table des matières

1. Observe cette illustration et souligne, à chaque fois, l'expression qui convient.

a) Je vois l'arbre
devant la statue.
derrière la statue.
à droite de la statue.

b) Je vois la statue
à gauche de la voiture.
entre la voiture et la maison.
derrière l'arbre.

c) Je vois la maison
à droite de la statue.
à gauche de la statue.
devant la statue.

2. Colorie ces illustrations en suivant les consignes suivantes.

a) Colorie la casquette des enfants qui sont de face.

b) Entoure en rouge le bras droit de chaque personnage.

c) Trace une croix sur les cartables qui se trouvent dans la main gauche des enfants.

d) Dessine un cartable à la main gauche de l'enfant qui est de dos et qui ne porte pas de casquette.

1. Colorie les cases représentant le trajet pour te rendre à l'école. Commence à la case départ et suis le code de flèches sous le tableau.

								École			
Départ											

→ → → ↑ ↑ ↑ → → → → → ↑

2. En suivant les lignes du quadrillage, trace une ligne fermée. Toutes les croix doivent se retrouver à l'intérieur de cette ligne.

					X	X	X	X			
		X	X	X	X	X					
			X	X	X						
			X	X	X						
				X							

1. Observe ce schéma. Dessine le même schéma sur le quadrillage ci-dessous.

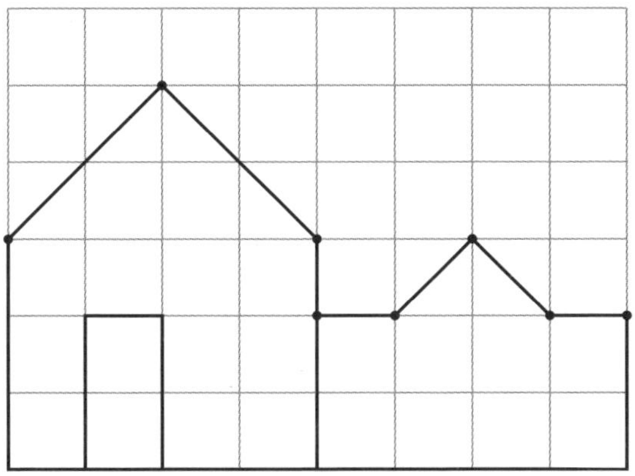

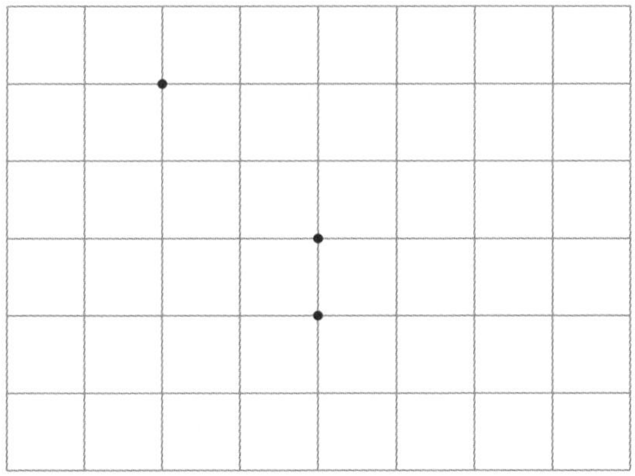

2. Observe ce schéma et reproduis-le dans le quadrillage.

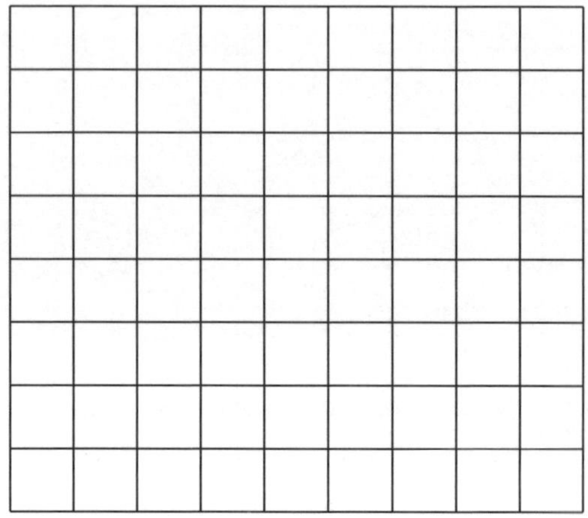

3. Observe le schéma à gauche et reproduis-le dans le quadrillage à droite. Tu dois garder les mêmes proportions.

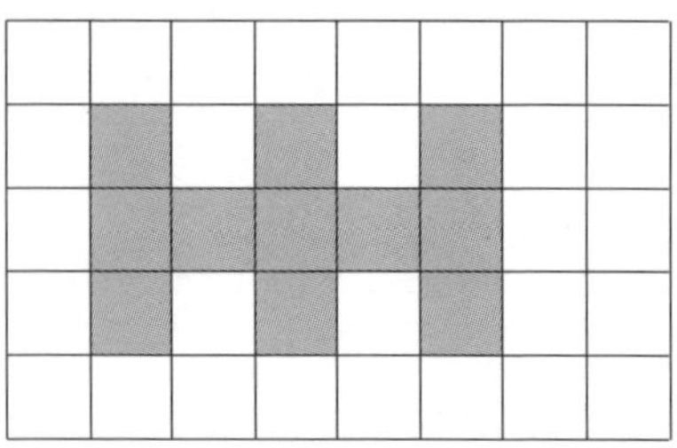

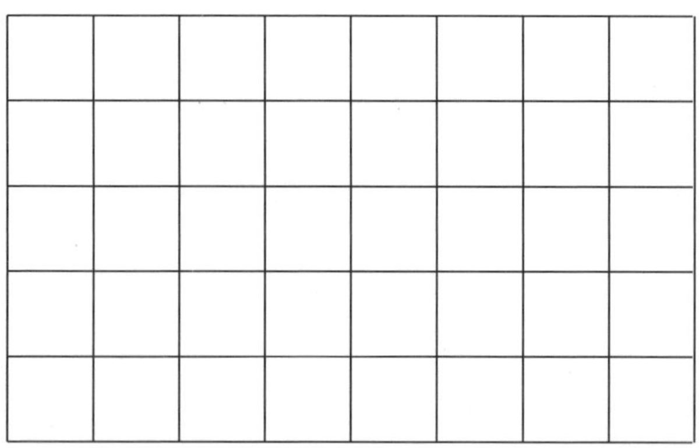

1. Complète le schéma de droite en reproduisant le modèle de gauche.

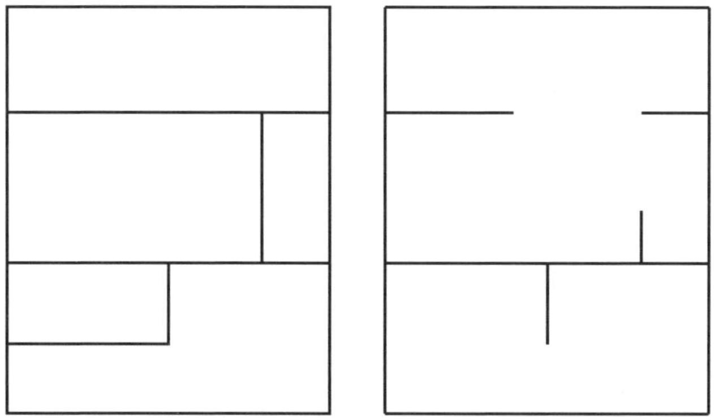

2. Relie chaque construction aux éléments qui la composent.

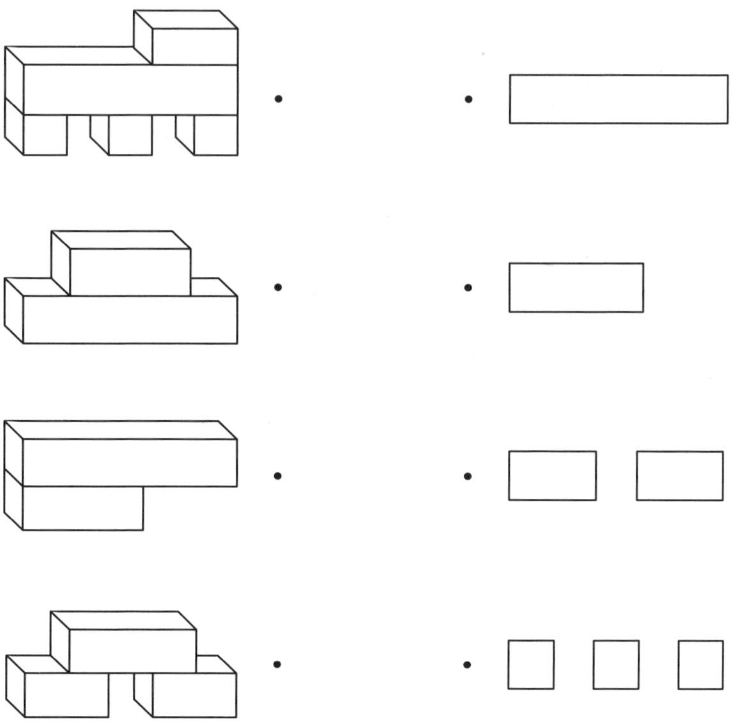

3. Relie les constructions de cubes à leurs traces.

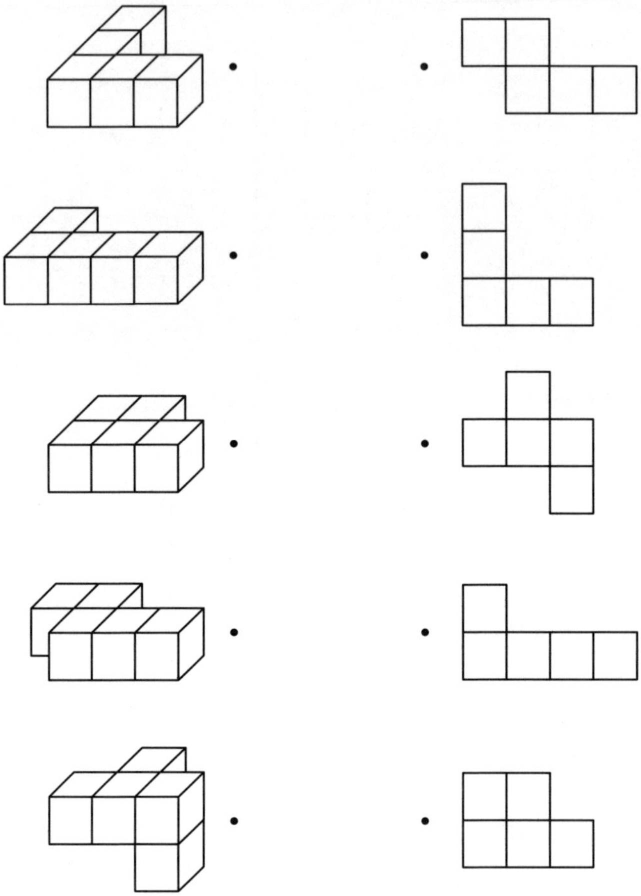

4. Observe cette construction. Les numéros correspondent à la position du photographe quand il a pris une photo. Pour chaque construction ci-dessous, écris le numéro correspondant à la position du photographe.

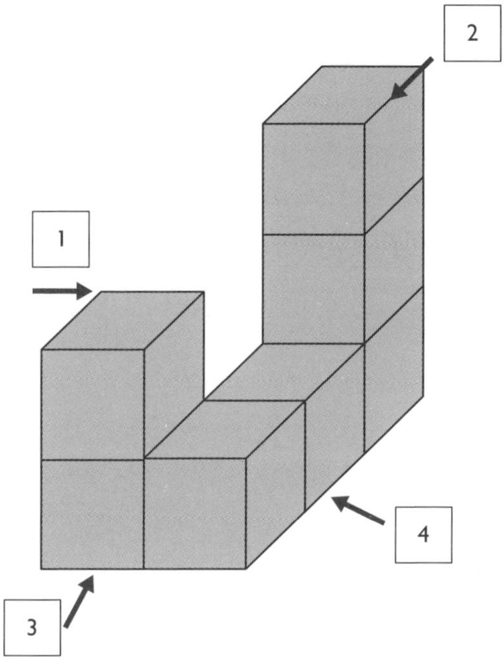

a) 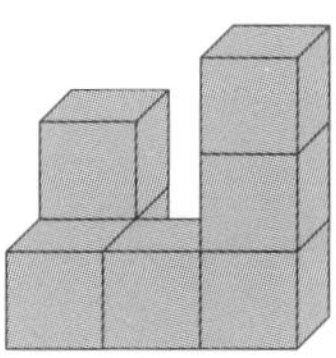 Position ....

b)  Position ....

c) 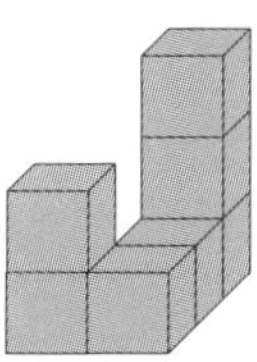 Position ....

d) 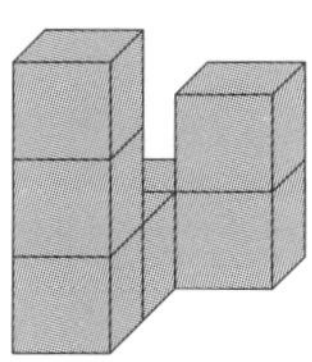 Position ....

1. Colorie tous les solides qui ont permis de réaliser cette construction grise.

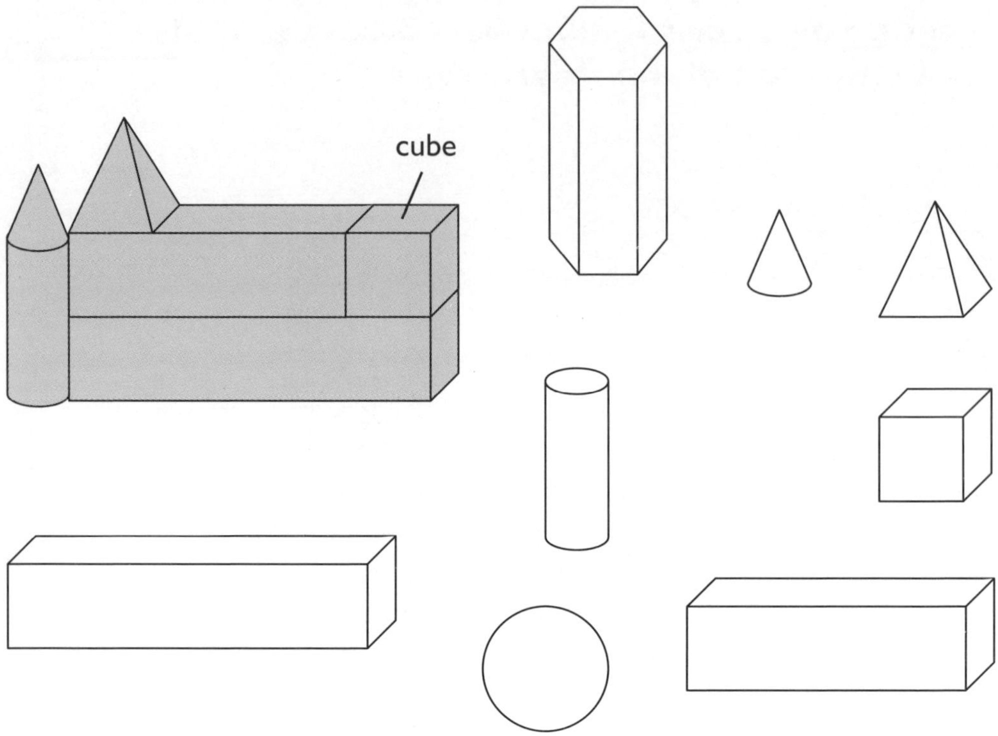

Il peut y avoir différents développements pour un même solide.

Exemple : *le cube*

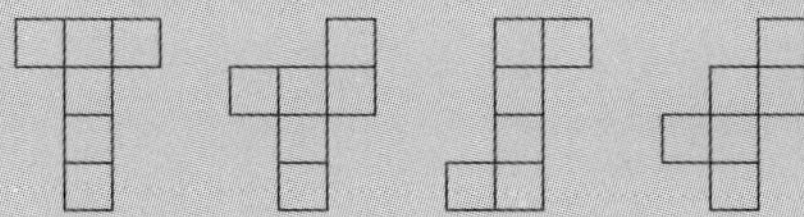

2. Relie chaque solide à son développement.

a) le cube 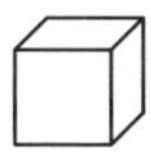 • • 

b) le cône  • • 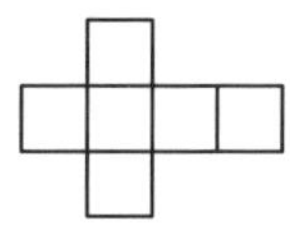

c) la pyramide  • • 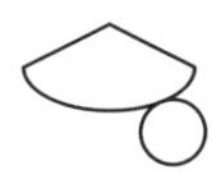

d) le parallélépipède rectangle 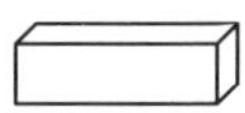 • • 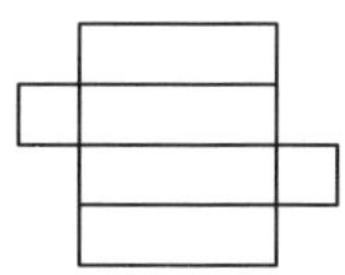

3. Lola a construit ce solide à l'aide de bâtonnets et de pâte à modeler. Observe la construction et effectue les exercices suivants.

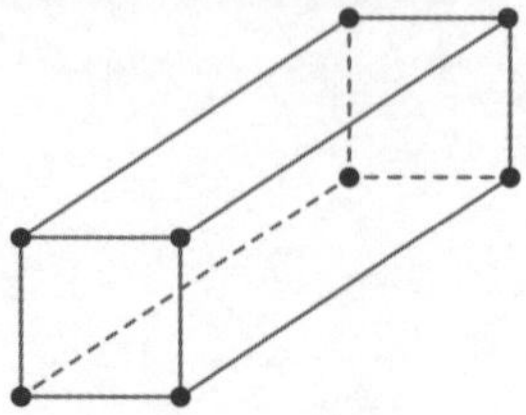

a) Colorie le matériel dont tu aurais besoin pour construire le même solide que Lola.

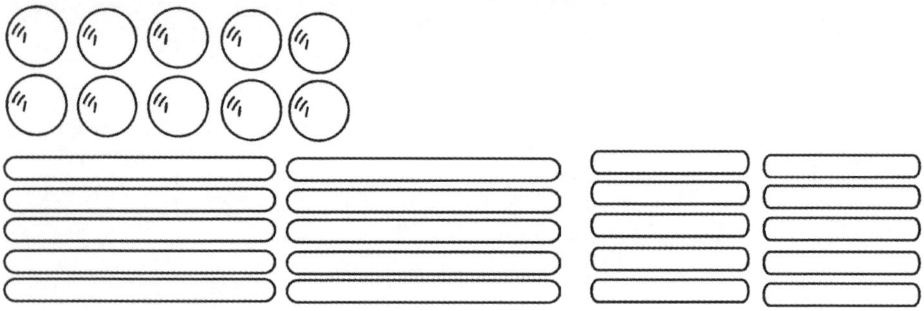

b) Complète cette phrase.

Pour construire ce solide, j'ai besoin de .... boules de pâte à modeler, de .... longs bâtonnets et de .... petits bâtonnets.

4. Dessine, comme Lola, un cube avec des boules et des bâtonnets.

5. Écris le nom de chaque solide sous la bonne illustration. Choisis parmi les mots ci-dessous.

un parallélépipède rectangle – un cône – une sphère – un cylindre – un cube – une pyramide

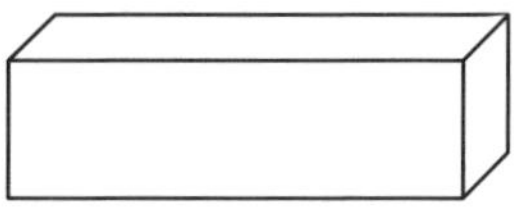

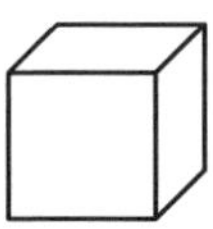

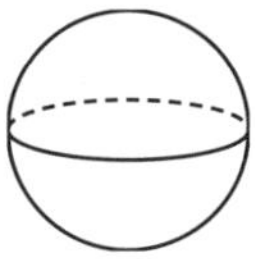

1. Voici un cube. Colorie chacune des faces du cube que tu vois dans une couleur différente. Ensuite, réponds aux questions ci-dessous.

a) Combien de faces as-tu coloriées ? J'ai colorié ………… faces.

b) Combien de faces ne sont pas visibles ? ………… faces.

2. Noah a réalisé des empreintes de solides. Dessine les faces manquantes.

a) Le cube :

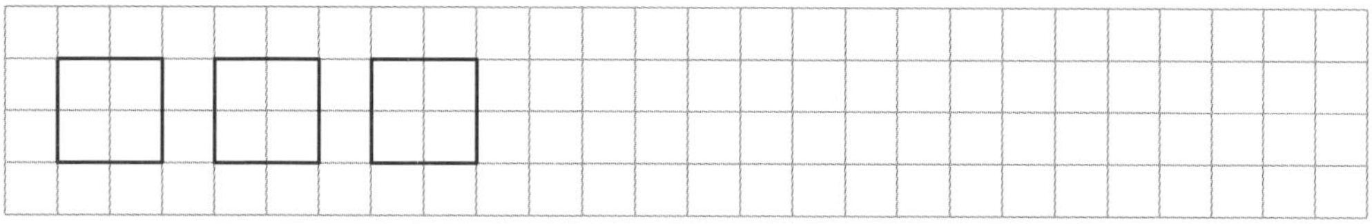

b) Le parallélépipède rectangle :

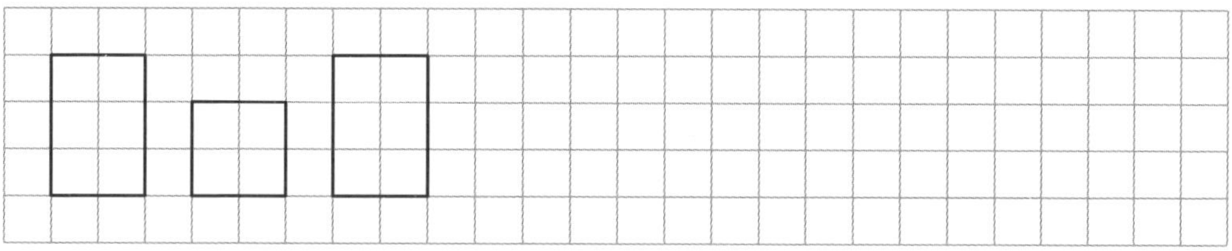

3. Lucas a dessiné des solides et des figures. Colorie en vert les solides et en rouge les figures.

a) 

b) 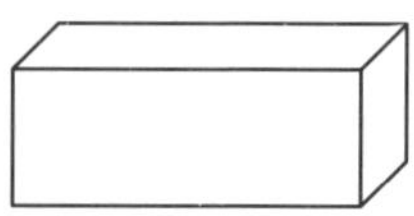

c) 

d) 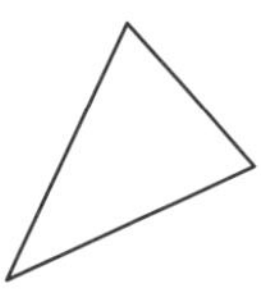

e) 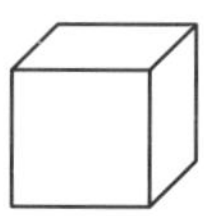

f) 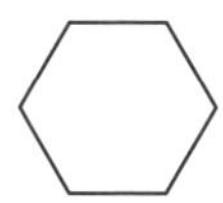

g) 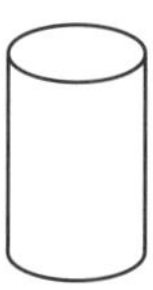

h) 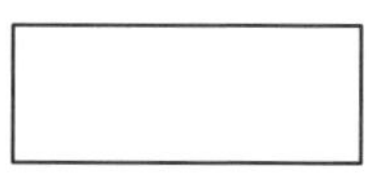

i) 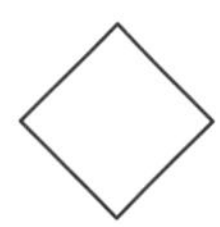

4. Complète la troisième colonne de ce tableau : dessine ce qu'il manque dans les traces trouvées pour construire le solide en question. Ensuite, colorie tous les solides du tableau qui ont des faces carrées.

Les traces trouvées	Les solides	À compléter Il manque :
a) 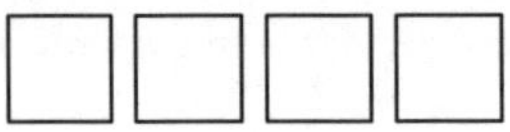	cube 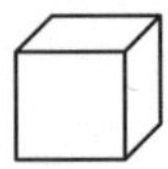	
b) 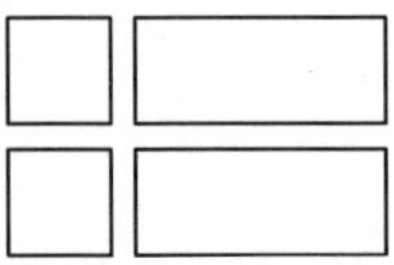	parallélépipède rectangle 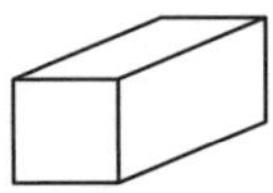	
c) 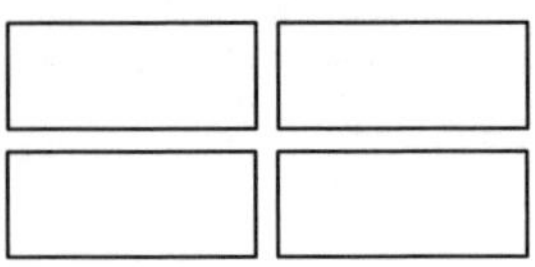	parallélépipède rectangle 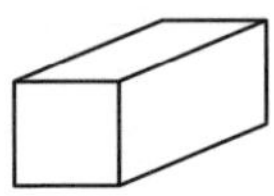	
d) 	pyramide 	

5. Relie chaque proposition au solide correspondant.

a) J'ai quatre faces rectangulaires et deux faces carrées. • •

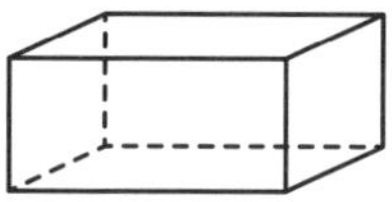

b) J'ai six faces rectangulaires. • •

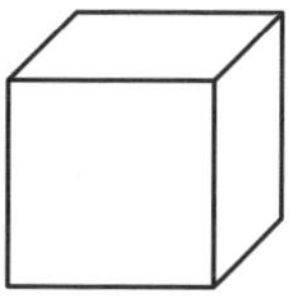

c) J'ai une face rectangulaire et deux disques. • •

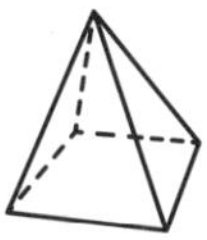

d) J'ai six faces carrées. • •

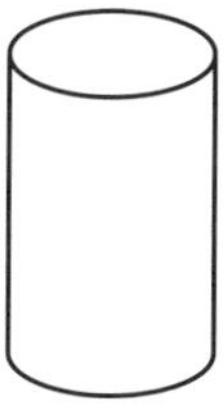

e) J'ai quatre faces triangulaires et une face carrée. • •

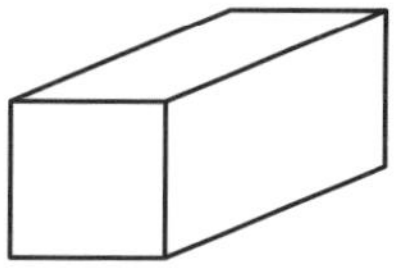

1. Colorie les carrés en rouge, les rectangles en bleu, les disques en vert et les triangles en jaune.

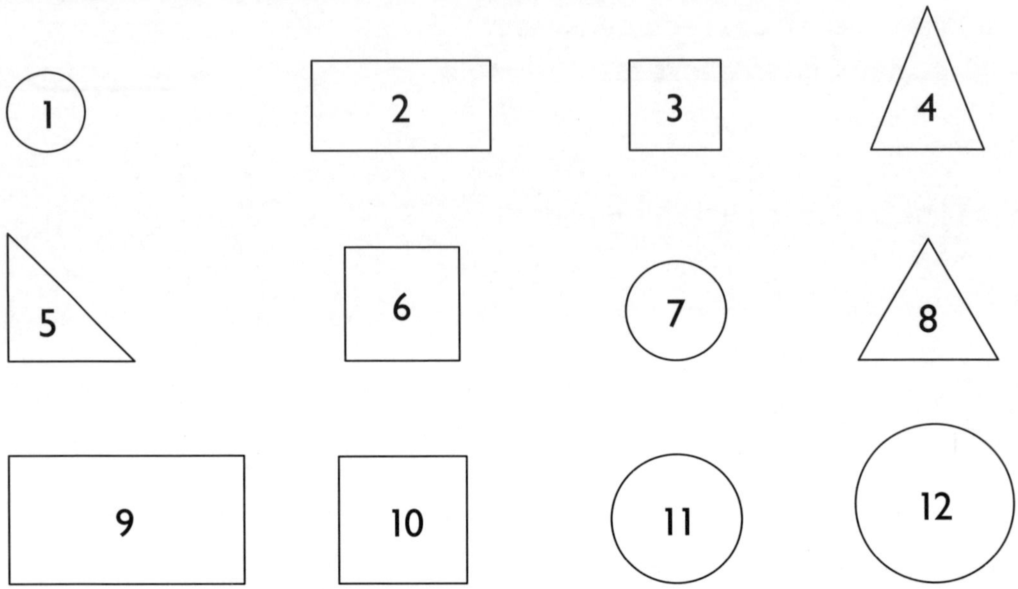

2. Écris le nom de chacune de ces figures.

a)

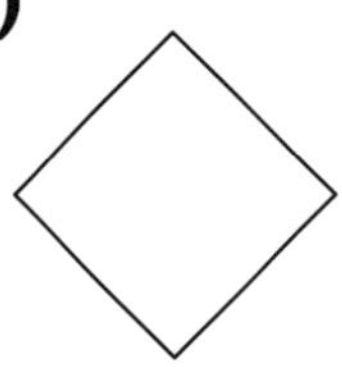

....

b)

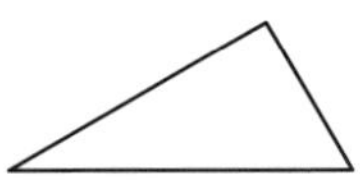

....

c)

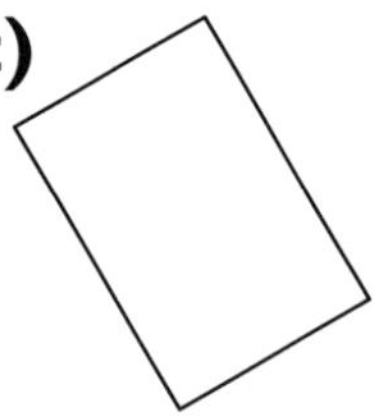

....

d)

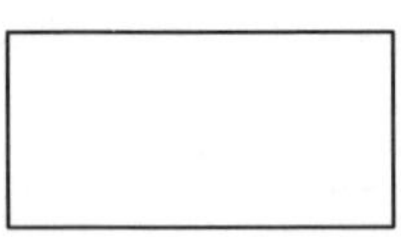

....

e)

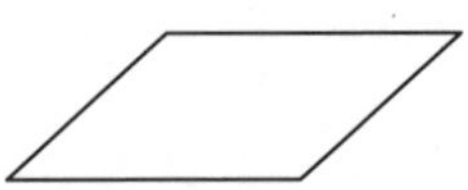

....

3. Observe ces schémas et reproduis les figures dans les géoplans.

J'observe

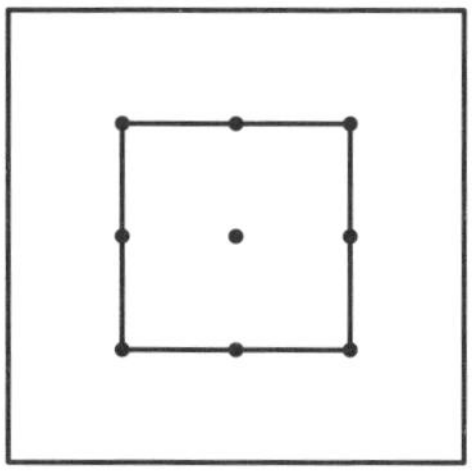

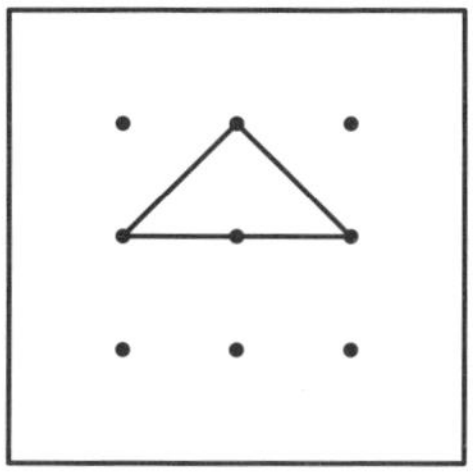

Je reproduis

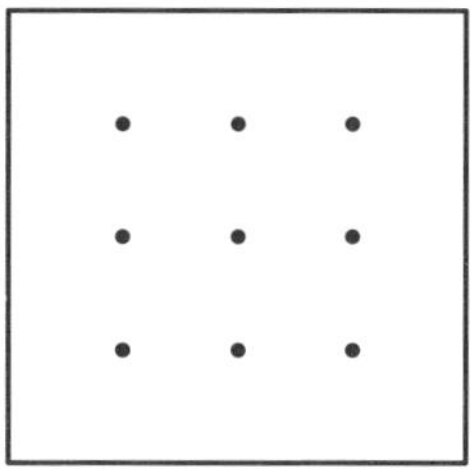

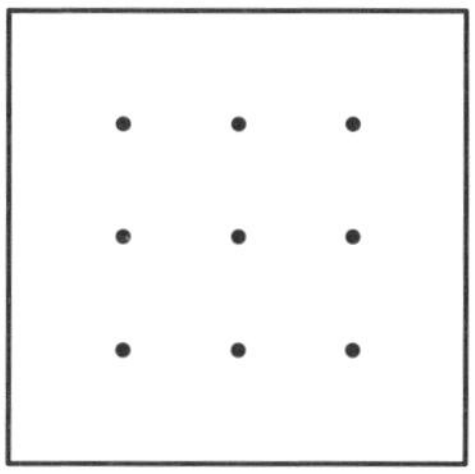

4. Dessine un triangle différent dans chaque géoplan.

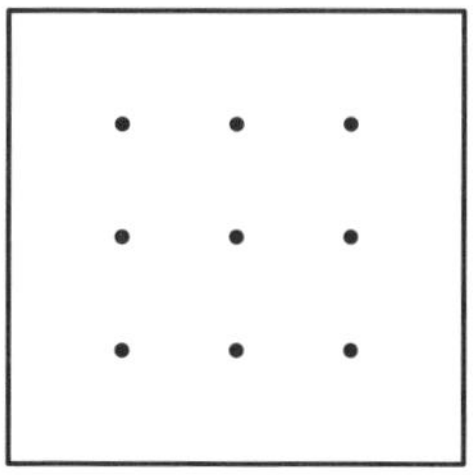

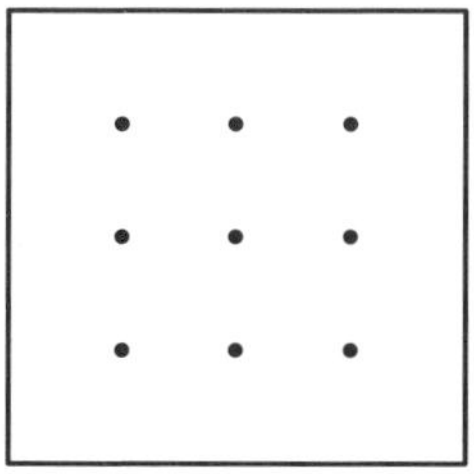

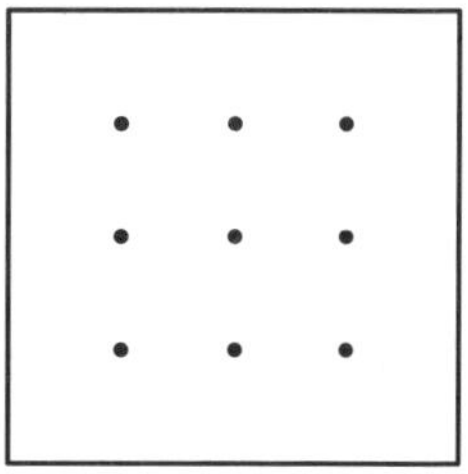

5. À l'aide de ta règle, reproduis ces figures dans le géoplan à droite.

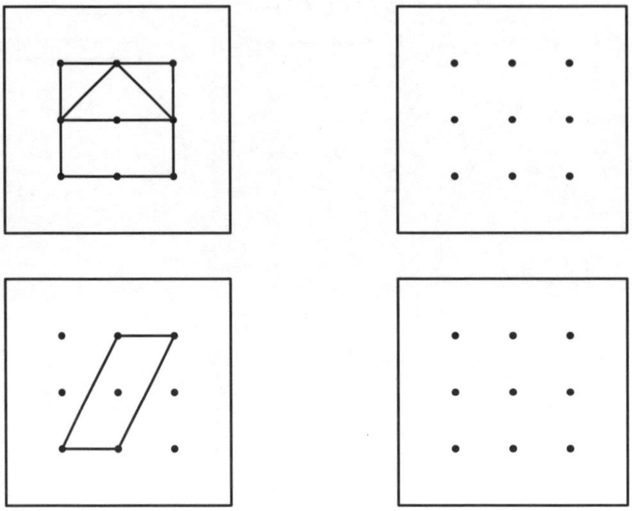

6. Pour chaque figure, trace chaque fois les traits qui te permettent d'obtenir un carré.

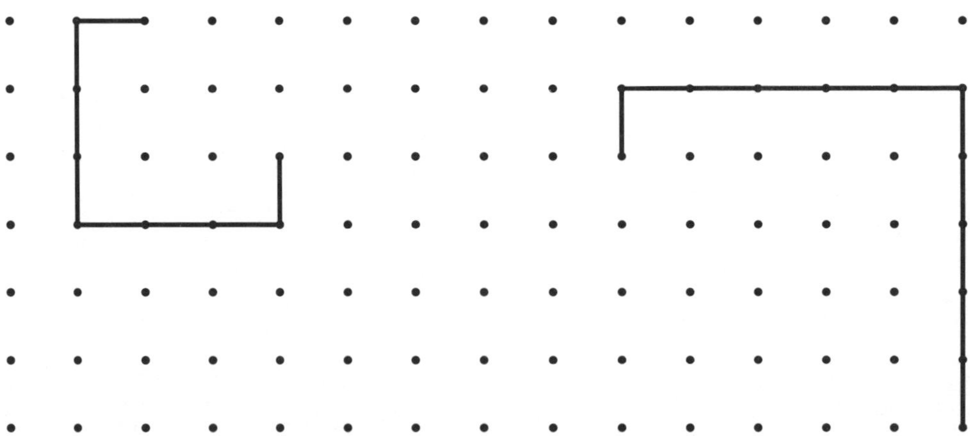

7. Découpe les triangles à la page 43. Ensuite, assemble à chaque fois deux triangles pour obtenir les figures demandées. Colle tes réalisations sur cette page.

a) un carré :

b) un rectangle :

c) un triangle :

8. Découpe un tangram à la page 45. Assemble les pièces pour réaliser cette figure. Colle ta réalisation ci-dessous.

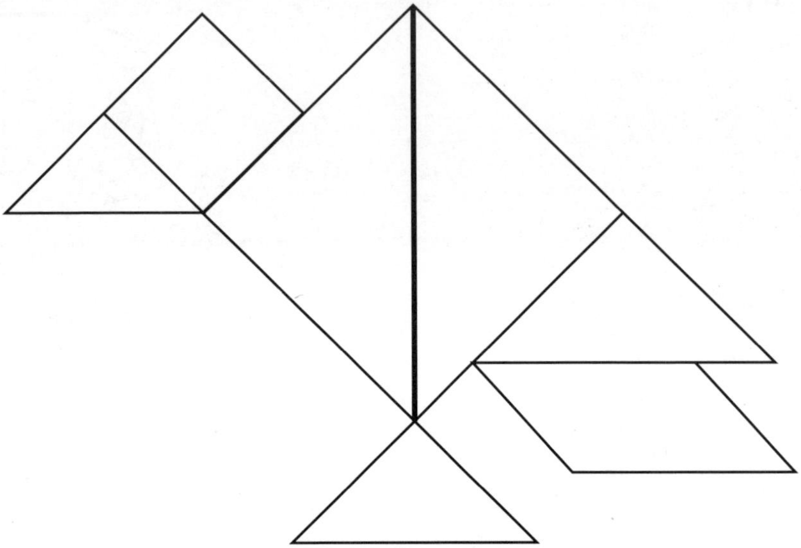

9. Découpe un tangram à la page 45. Assemble les pièces pour réaliser cette figure. Colle ta réalisation ci-dessous.

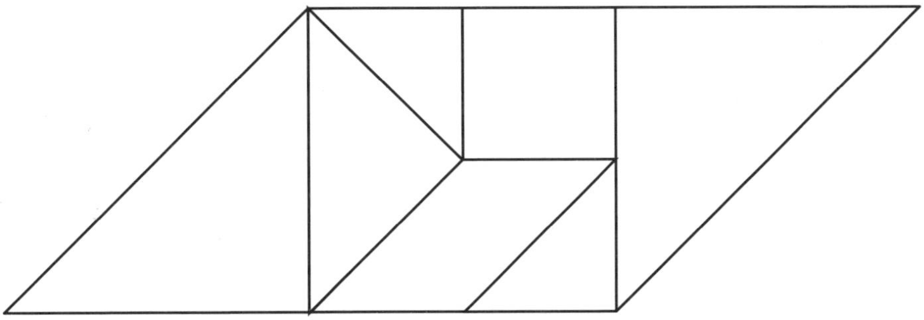

1. Découpe un tangram à la page 47. Comme dans les exemples ci-dessous, réalise un carré. Ce carré doit être différent des exemples. Colle-le ensuite dans l'espace ci-dessous.

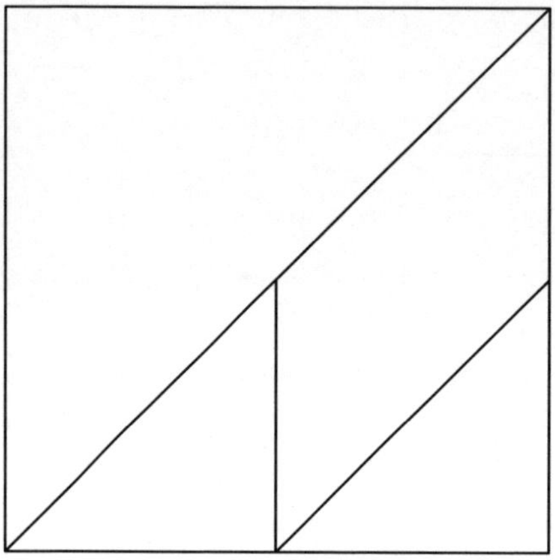

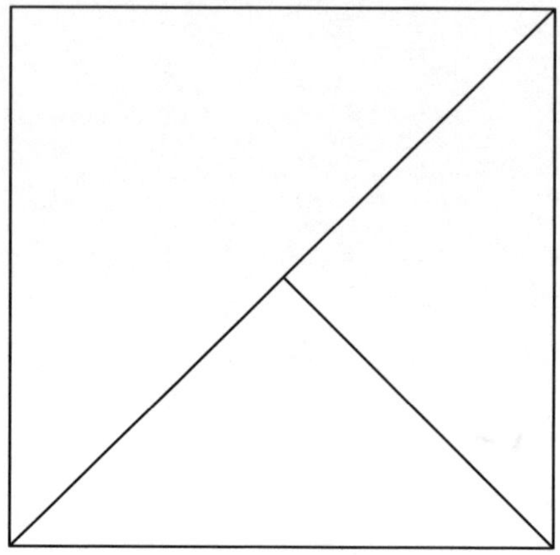

Place les pièces de ton tangram dans une enveloppe que tu pourras glisser dans ton cahier. Tu pourras l'utiliser quand tu le souhaites.

2. Découpe le tangram avec le nom des couleurs à la page 47 et effectue les exercices suivants.

a) Colorie ton tangram en respectant les couleurs indiquées.

b) Colorie chaque pièce des constructions ci-dessous dans la même couleur que les pièces de ton tangram.

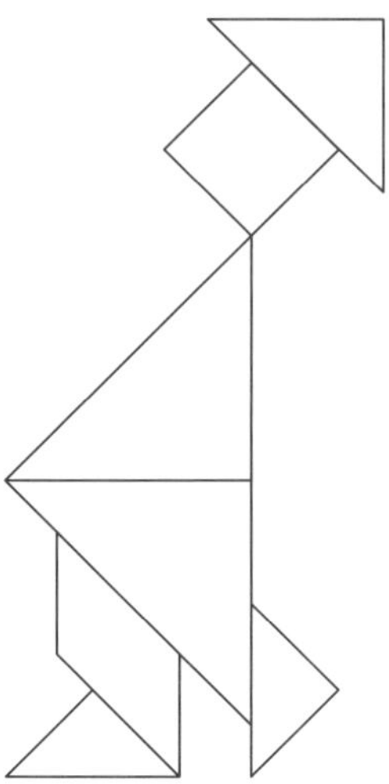

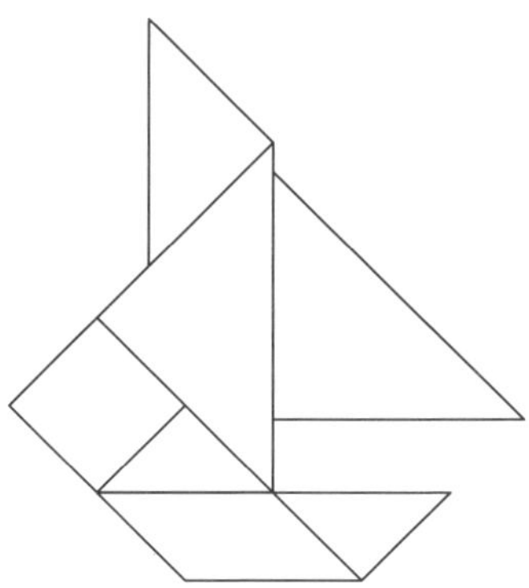

3. Observe les constructions de gauche. Ensuite, reproduis-les dans le cadre de droite.

a)

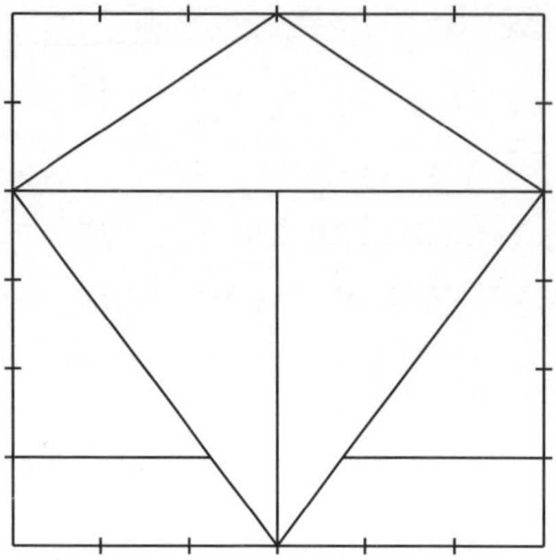

b)

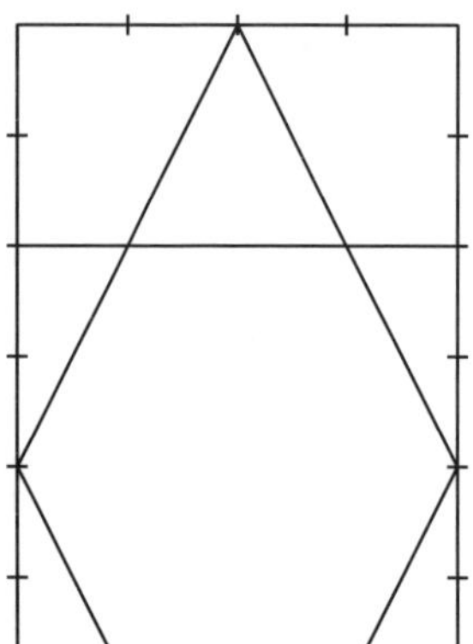

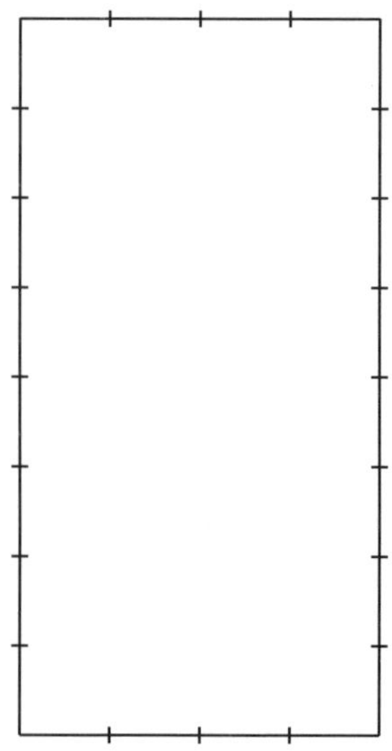

4. Partage les figures ci-dessous en suivant les consignes.

a) Partage cette figure en deux rectangles.

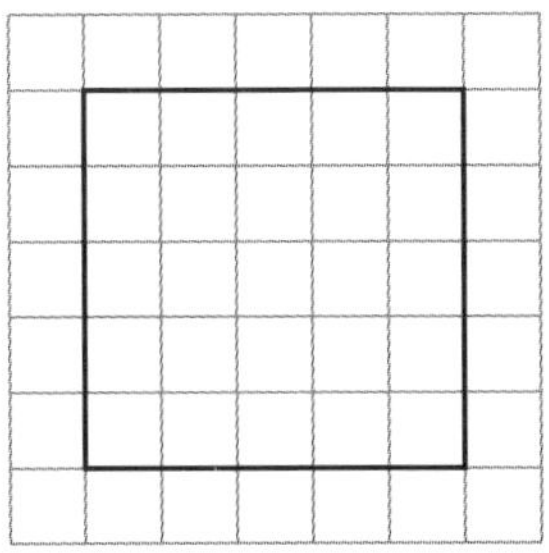

b) Partage cette figure en trois carrés.

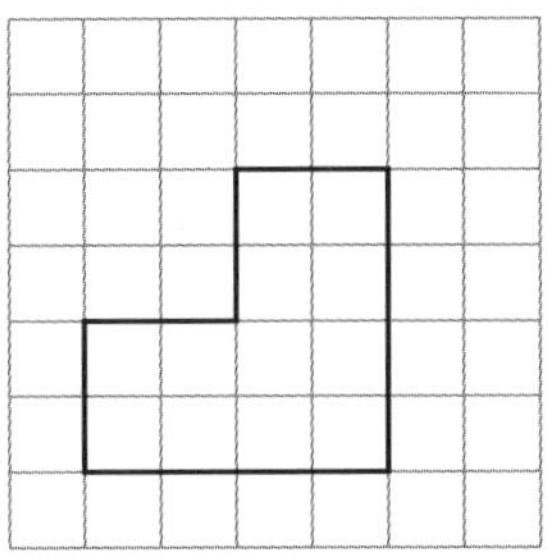

c) Partage cette figure en quatre carrés.

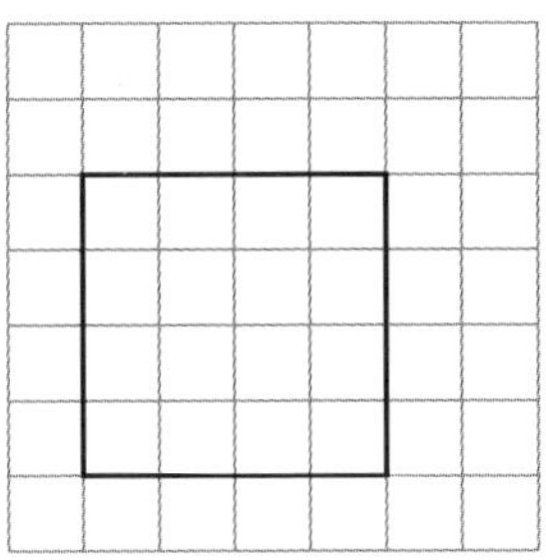

d) Partage cette figure en deux triangles

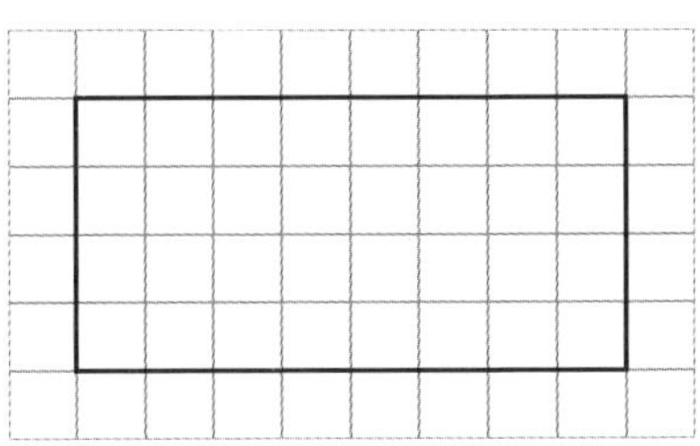

Hexagone : Trapèze : Carré : Losange : Triangle :

5. Observe ce dessin.

a) Colorie les hexagones en jaune, les trapèzes en rouge, les carrés en orange, les losanges en bleu et les triangles en vert.

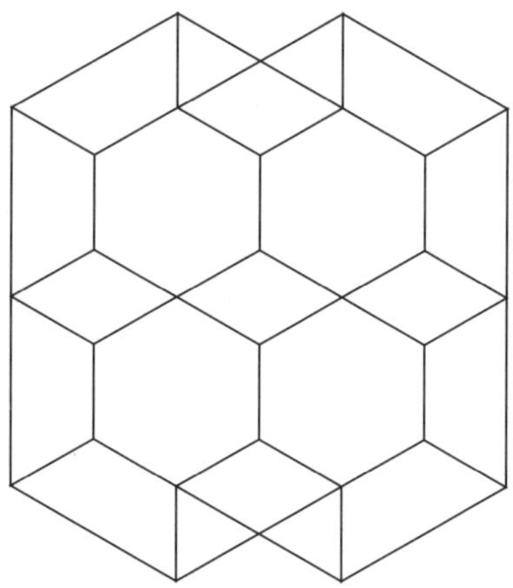

b) Les formes que tu obtiens sont-elles régulières ?

....

1. Observe cette construction en miroir. Complète-la en dessinant la partie manquante. Colorie-la.

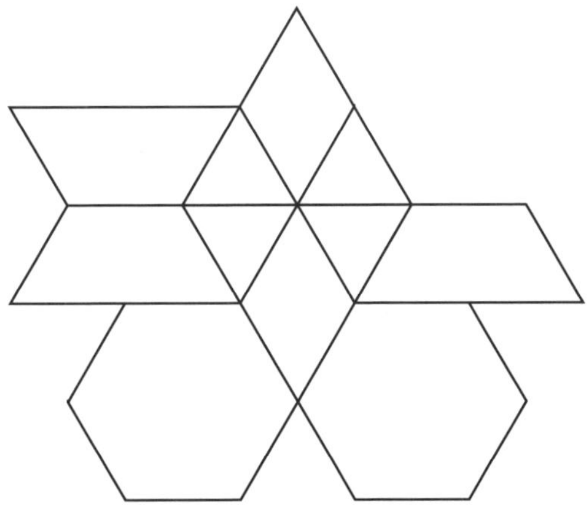

2. Avec ta règle, trace une ligne sur la moitié de la réalisation (comme si tu plaçais un miroir).

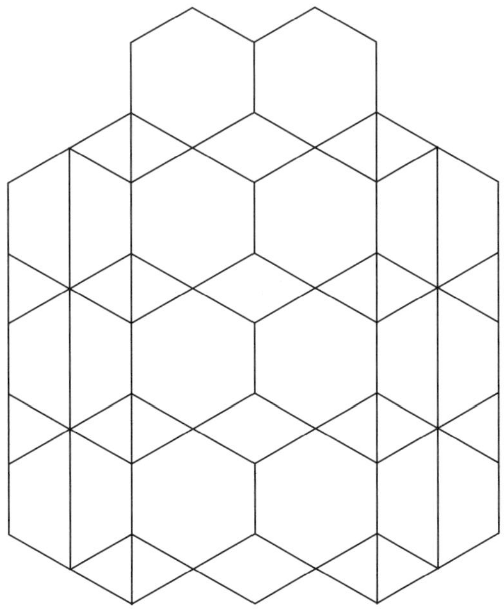

3. Complète ces frises en suivant le modèle.

a) 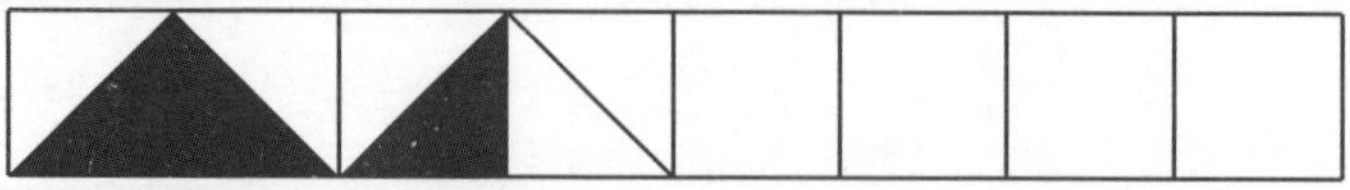

b) 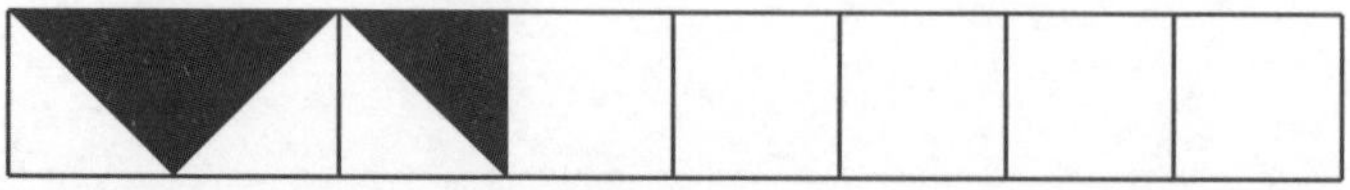

c) 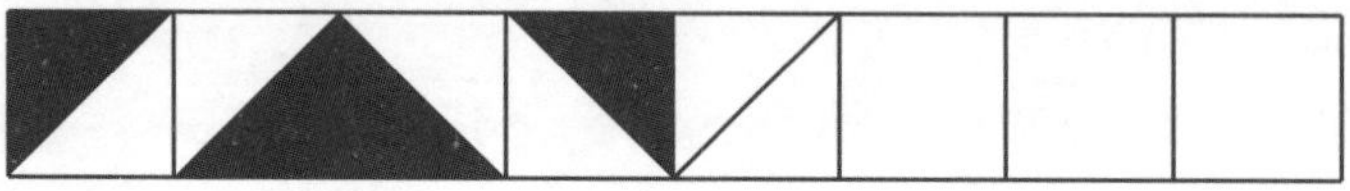

4. Colorie cette frise. Un même motif doit se répéter.

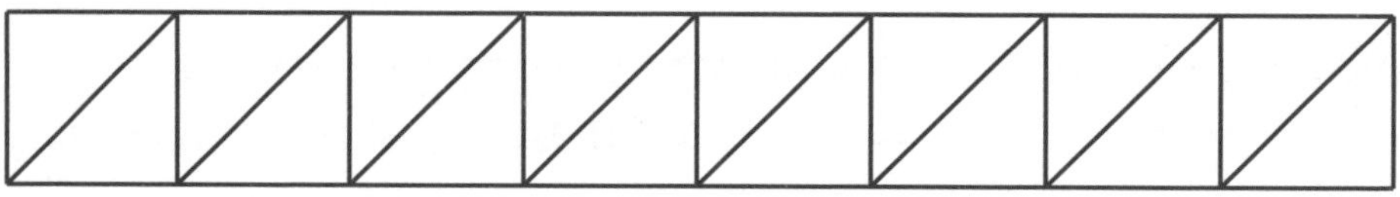

5. À l'aide de ta règle, relie les points qui portent le même nombre. Qu'observes-tu ?

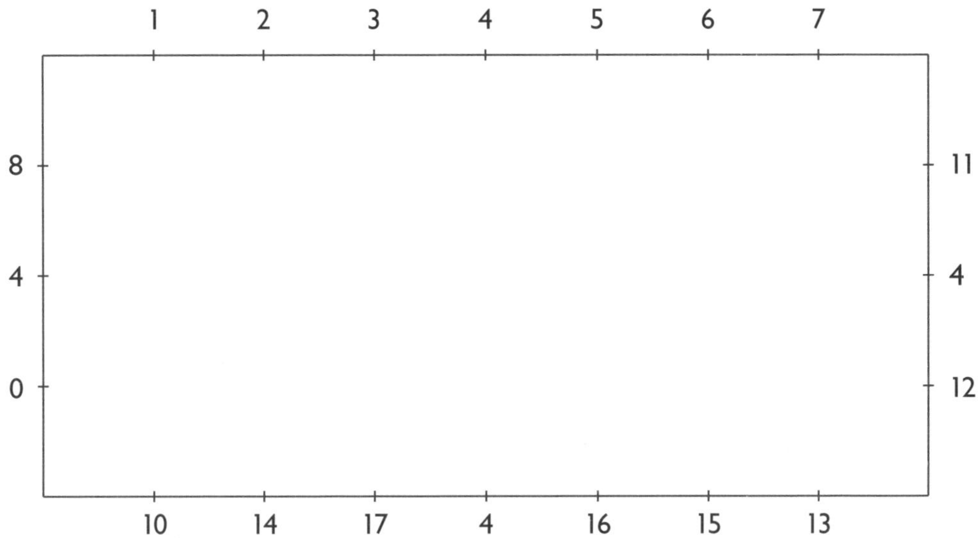

6. Termine cette frise. Tu peux ensuite la colorier en changeant de couleur pour chaque motif.

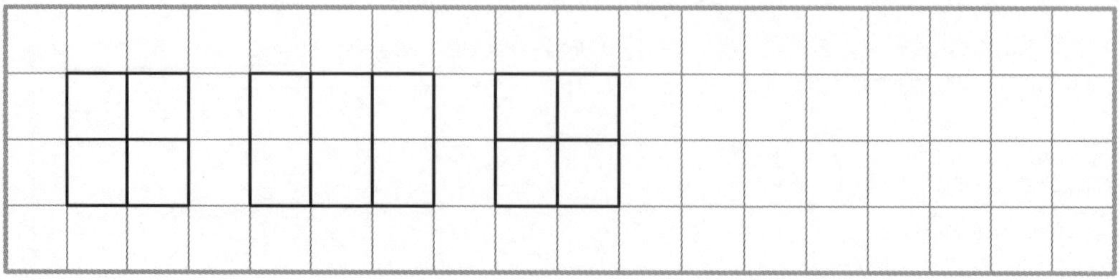

7. Complète ce schéma, comme si tu regardais dans un miroir.

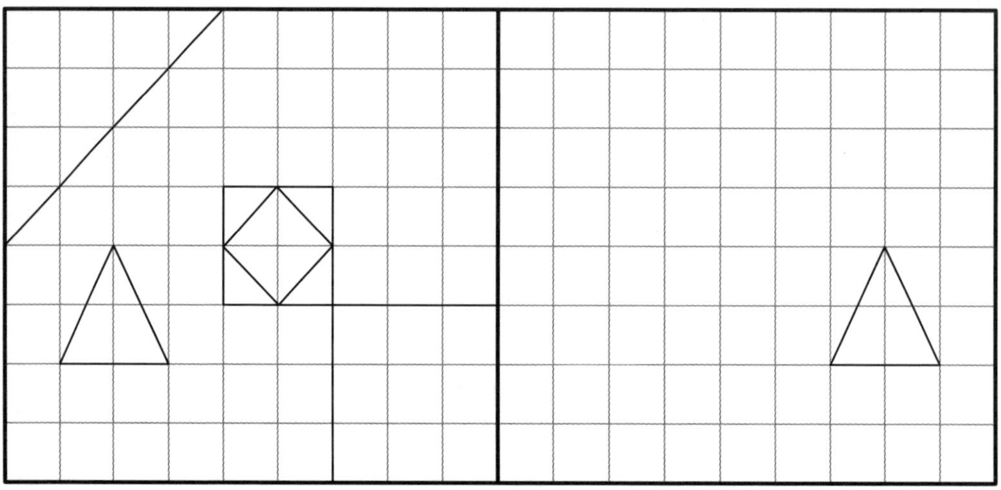

1. Complète ce tableau en ajoutant deux carrés, un triangle et un rectangle. Quand tu as terminé ton dessin, colorie ton œuvre.

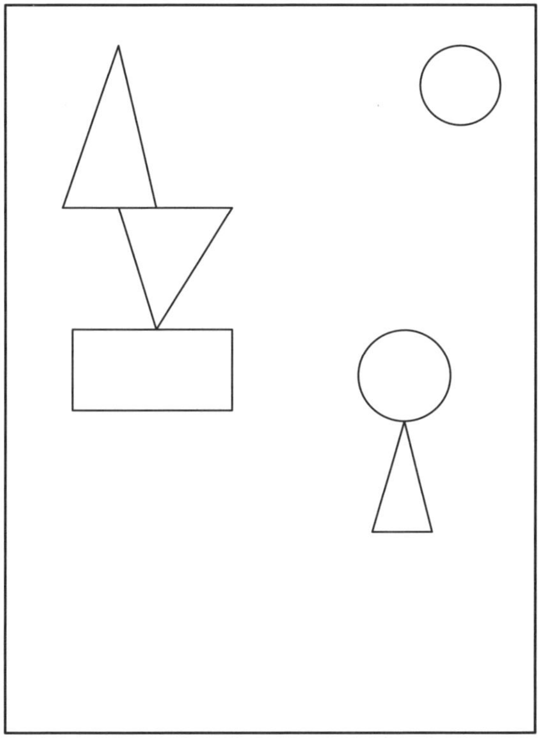

2. Observe ce modèle et reproduis-le dans ce tableau en utilisant ta règle.

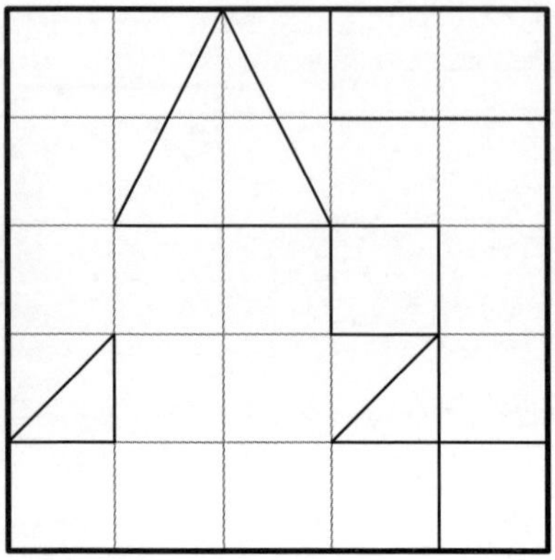

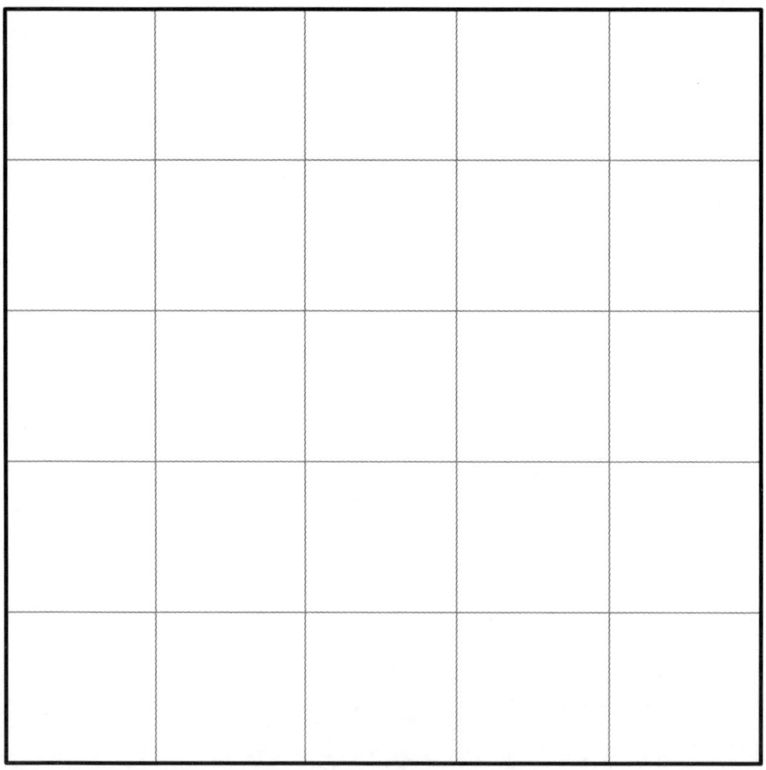

Pages 4

1.

a) Je vois l'arbre **derrière** la statue.
b) Je vois la statue **à gauche** de la voiture.
c) Je vois la maison à **gauche** de la statue.

Page 5

2.

Page 6

1.

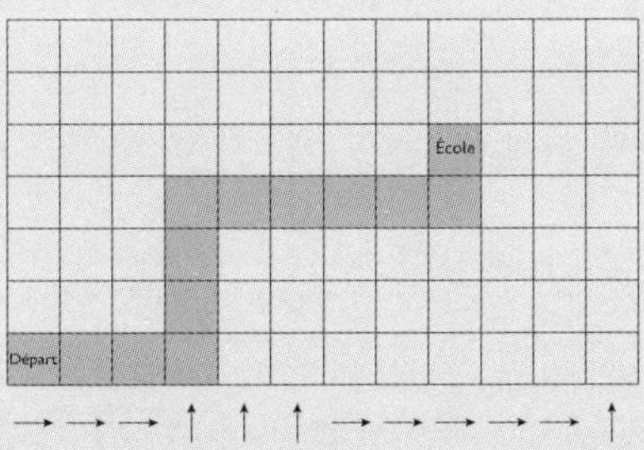

2.

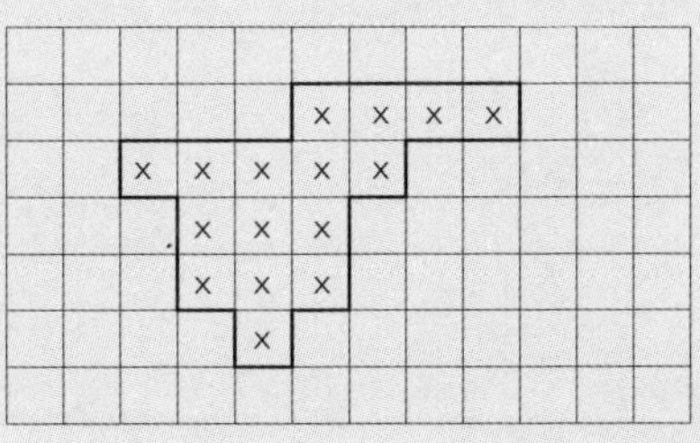

Page 7

1.

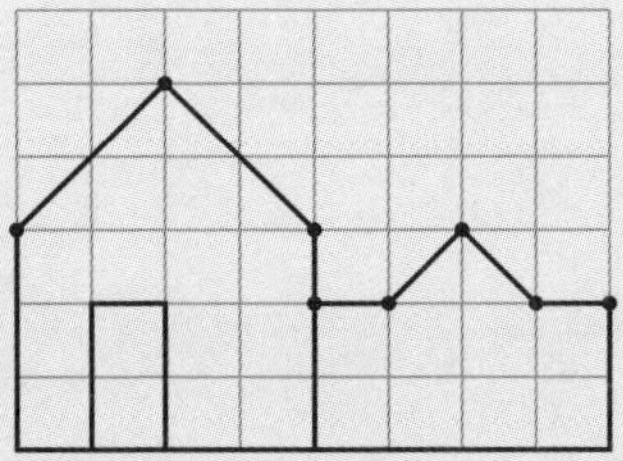

Page 8

2.

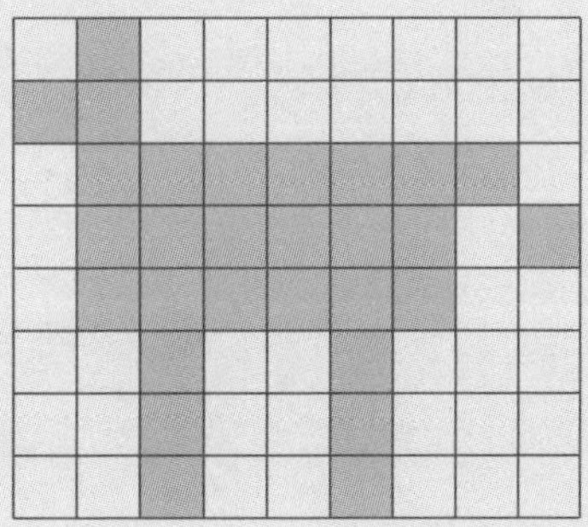

3.

Corrigé

Pages 9

1.

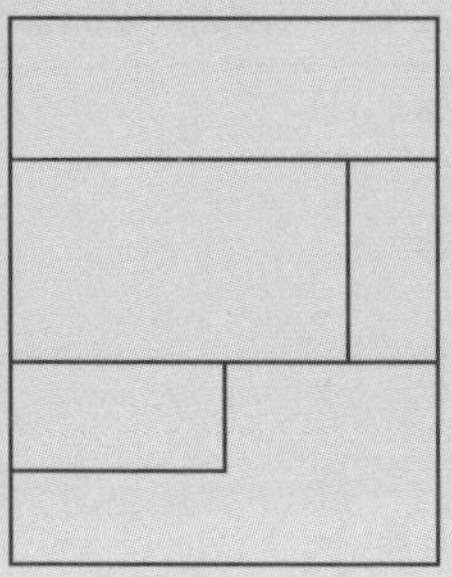

2.

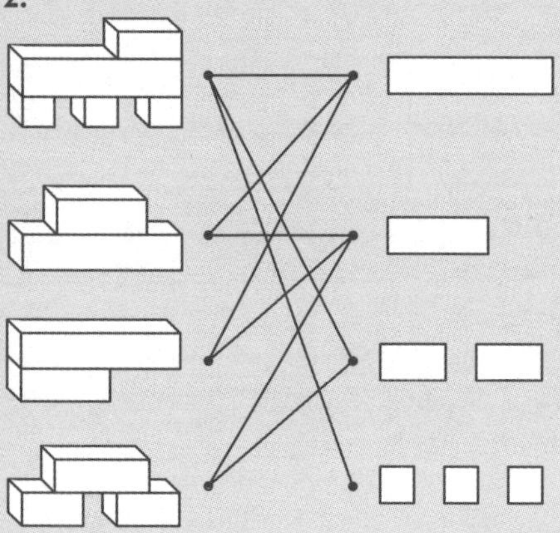

Page 10

3.

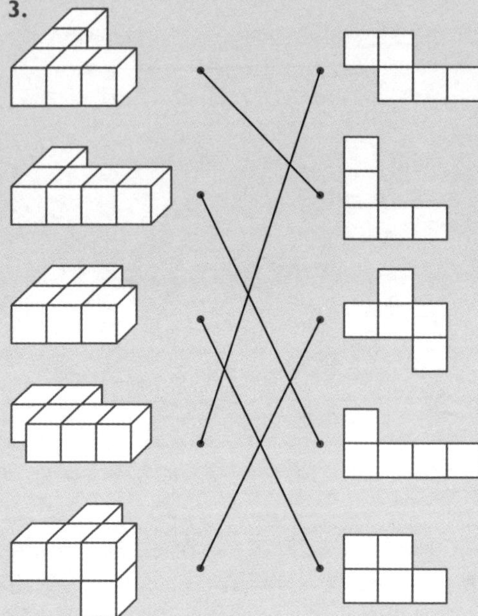

Page 11

4.

a) Position **4** **b)** Position **1** **c)** Position **3**
d) Position **2**

Page 12

1.

Colorier les figures grises.

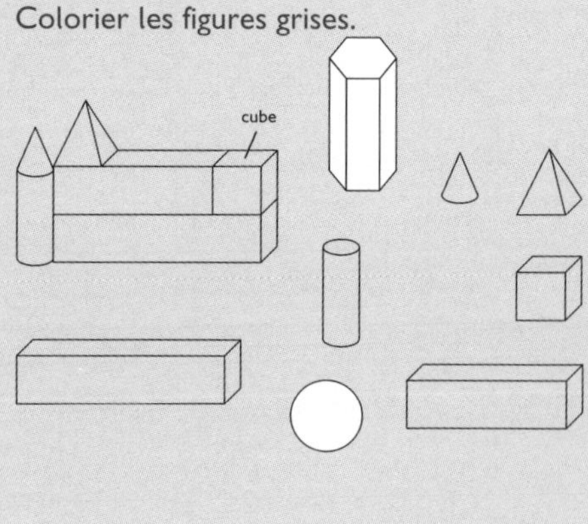

Page 13

2.

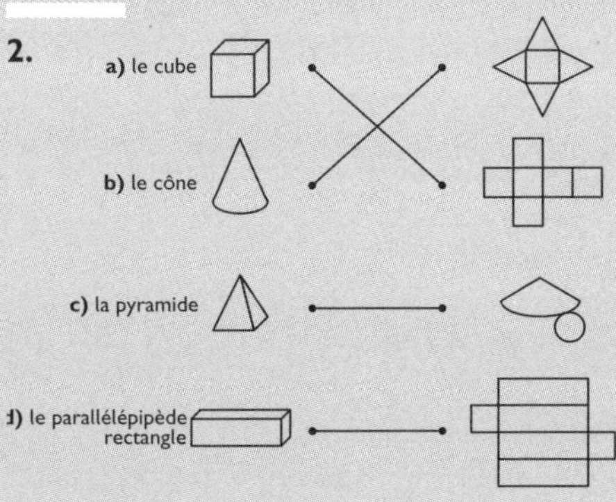

Page 14

3.

a) Colorier **huit** boules, **quatre** longs bâtonnets et **huit** petits bâtonnets

b) Pour construire ce solide, j'ai besoin de **4** boules de pâte à modeler, de **4** longs bâtonnets et de **8** petits bâtonnets.

4.

Le nombre de boules et de bâtonnets varie en fonction du nombre de côtés de la figure de la base de la pyramide.

Page 15

5.

un cylindre : 

un cône : 

un cube : 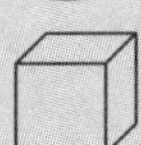

une pyramide : 

un parallélépipède rectangle : 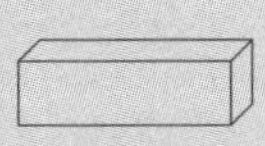

une sphère : 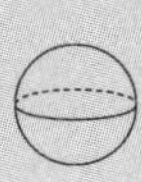

Page 16

1.

a) J'ai colorié **3** faces.

b) 3 faces

Page 17

2.

a) 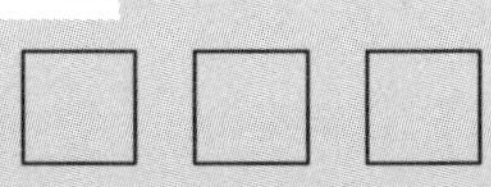

b) 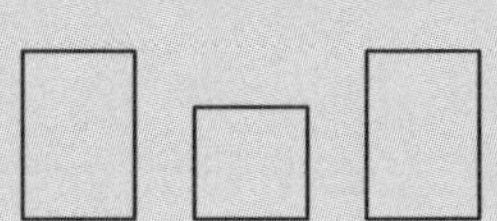

3.

Colorier en vert les solides : **b), c), e), g)**

Colorier en rouge les figures : **a), d), f), h), i)**

Page 18

4.

Cube : Il manque **deux carrés**.

Parallélépipède rectangle : Il manque **deux rectangles**.

Parallélépipède rectangle : Il manque **deux carrés**.

Pyramide : Il manque **deux triangles**.

Colorier : le cube, le premier parallélépipède rectangle et la pyramide.

Page 19

5.

a) J'ai quatre faces rectangulaires et deux faces carrées : 

b) J'ai six faces rectangulaires : 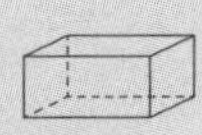

c) J'ai une face rectangulaire et deux disques : 

d) J'ai six faces carrées : 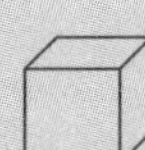

e) J'ai quatre faces triangulaires et une face carrée : 

Corrigé

Page 20

1.
Colorier en rouge les carrés : **3, 6, 10**
Colorier en bleu les rectangles : **2, 9**
Colorier en vert les disques : **1, 7, 11, 12**
Colorier en jaune les triangles : **4, 5, 8**

2.
a) carré **b)** triangle **c)** rectangle
d) rectangle **e)** parallélogramme

Page 21

3.

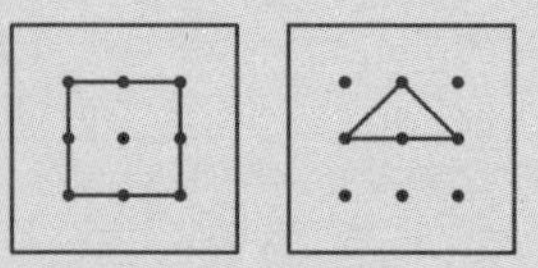

Page 22

5.

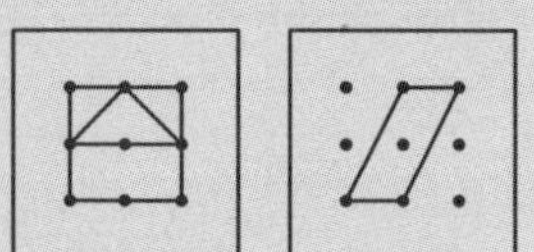

6.

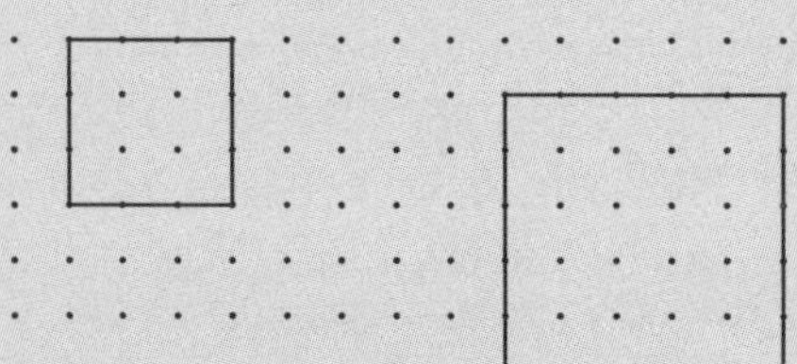

Page 23

7.
Un carré :

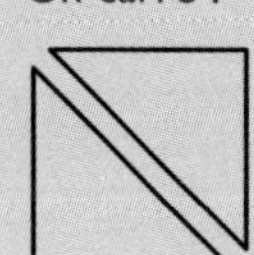

Un rectangle :

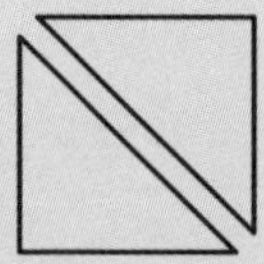

Un triangle :

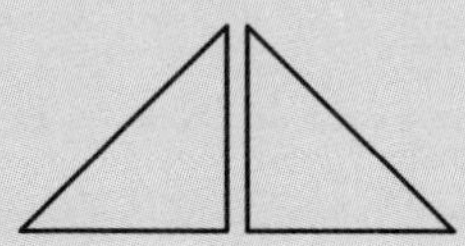

Page 24

8.

Page 25

9.

Page 26

1.
Plusieurs réponses sont possibles.

Page 27

2.

a) et b) Colorier les grands triangles en rouge. Colorier les triangles moyens en vert. Colorier les petits triangles en bleu. Colorier les carrés en jaune. Colorier les parallélogrammes en gris.

Page 28

3.

a) et b) Reproduire les mêmes dessins que le modèle.

Page 29

4.

a) Plusieurs réponses sont possibles. Exemples de réponses : selon les diagonales et les médianes.

b)

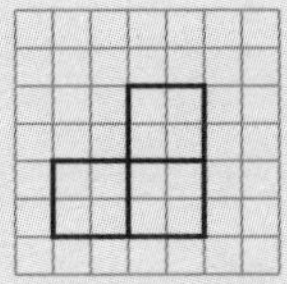

c) Partager selon les deux diagonales ou les deux médianes.

d) Partager selon une diagonale.

Page 30

5.

a)

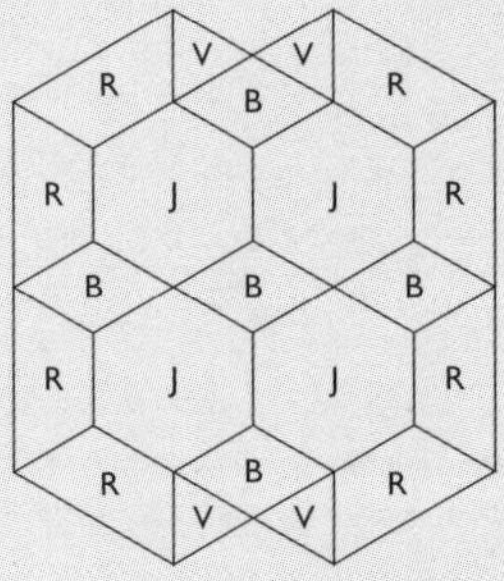

b) oui

Pages 31

1.

2.

Page 32

3.

a) 

b) 

c) 

4.
Plusieurs réponses sont possibles.

Page 33

5.

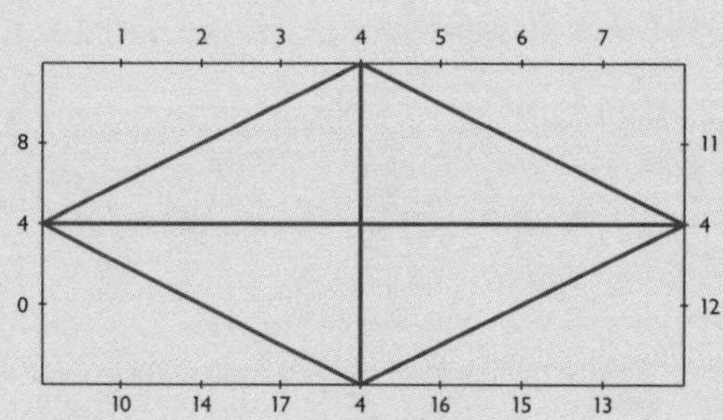

Le rectangle est partagé en huit triangles identiques.

Page 34

6.

7.

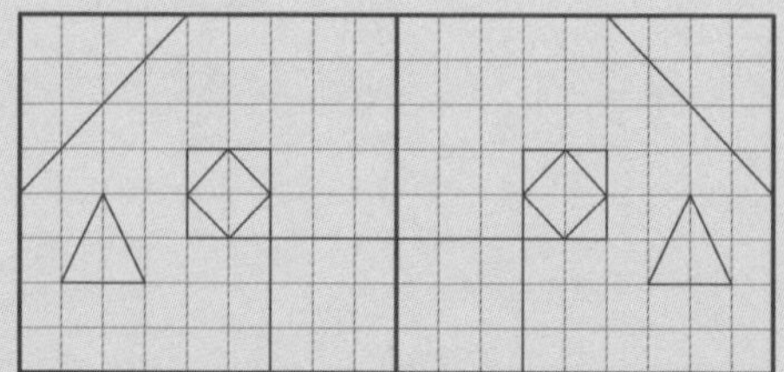

Page 35

1.
Plusieurs réponses sont possibles.

Page 36

2.

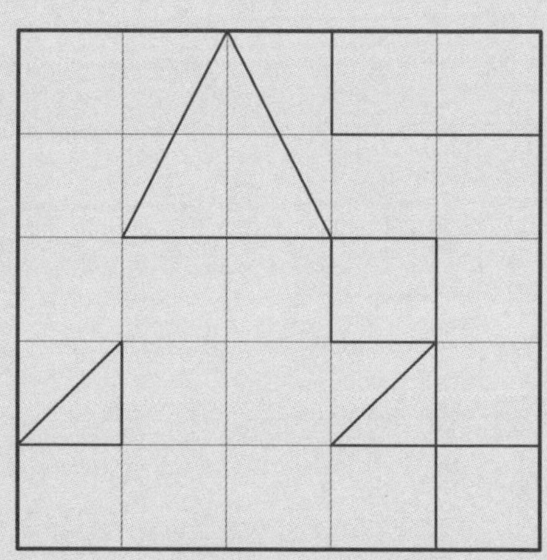

Matériel pour la page 23

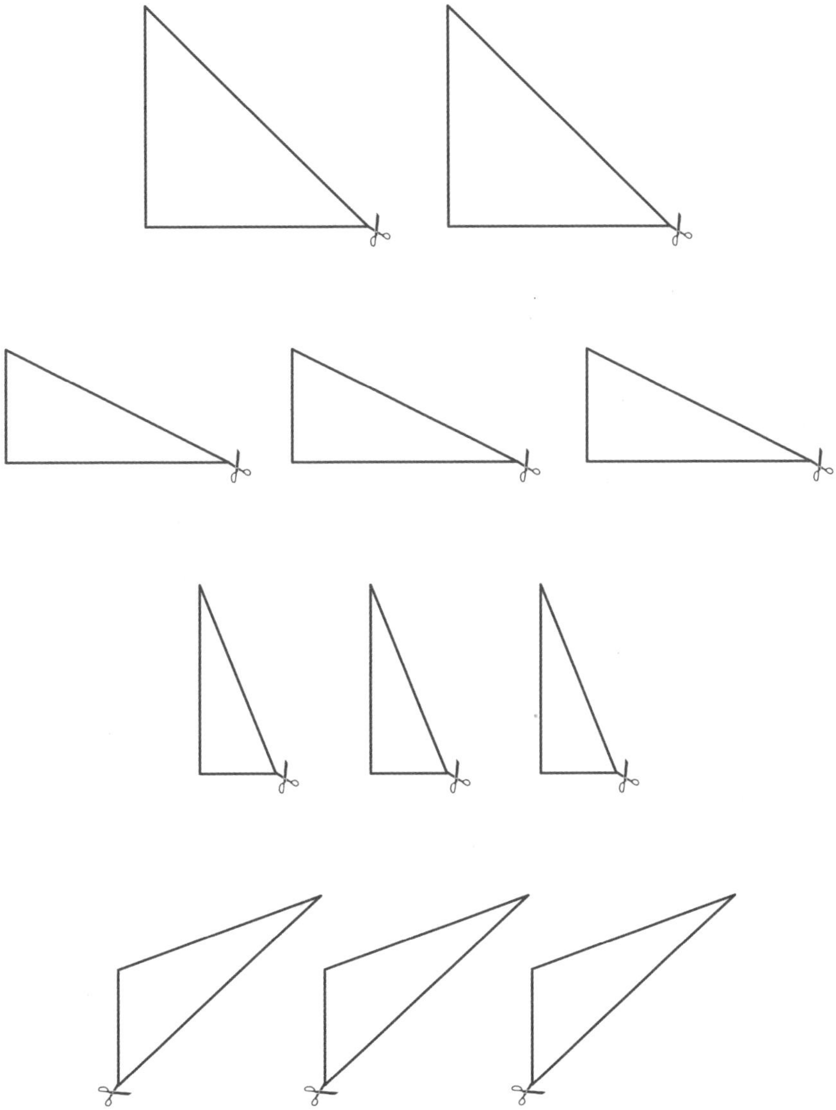

Matériel pour les pages 24 et 25

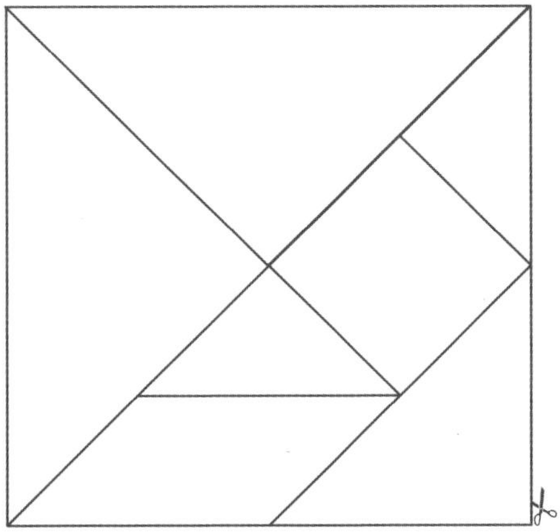

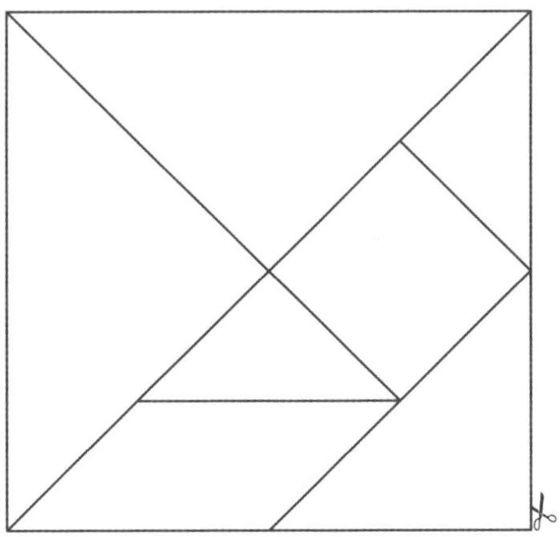

Matériel pour les pages 26 et 27

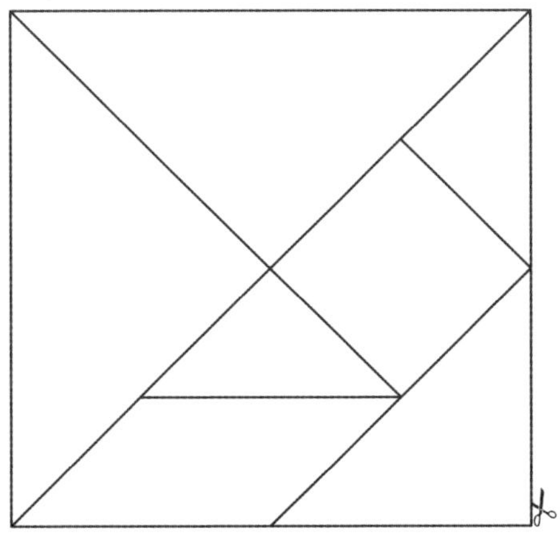

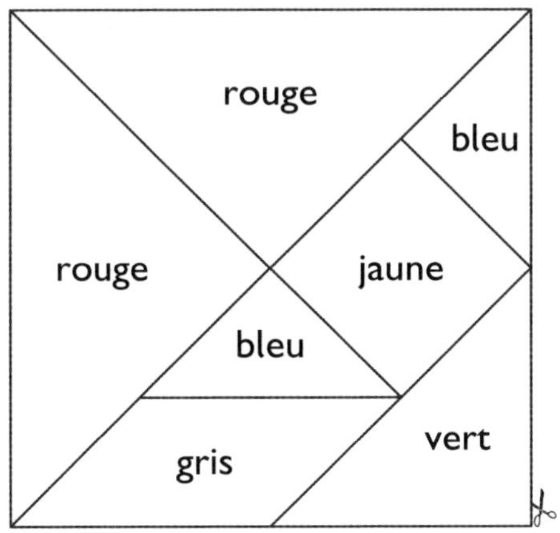